Abeer Amer
Essa Emaraa
Mohamed Amer

Bioperserwatywne efekty działania bakterii kwasu mlekowego

Abeer Amer
Essa Emaraa
Mohamed Amer

Bioperserwatywne efekty działania bakterii kwasu mlekowego

w Labneh spoliage

Wydawnictwo Bezkresy Wiedzy

Cover image: www.ingimage.com

Publisher:
Wydawnictwo Bezkresy Wiedzy
is a trademark of
International Book Market Service Ltd., member of OmniScriptum Publishing Group
17 Meldrum Street, Beau Bassin 71504, Mauritius

Printed at: see last page
ISBN: 978-620-0-54225-0

Drogi czytelniku,

książka, którą posiadasz, została pierwotnie wydana pod tytułem
" Bioperservatives efeects of lactic acid bacteria in Labneh spoliage",
ISBN 978-613-9-45848-6.

Jego publikacja w języku polskim jest możliwa dzięki zastosowaniu najbardziej zaawansowanej sztucznej inteligencji dla języków.

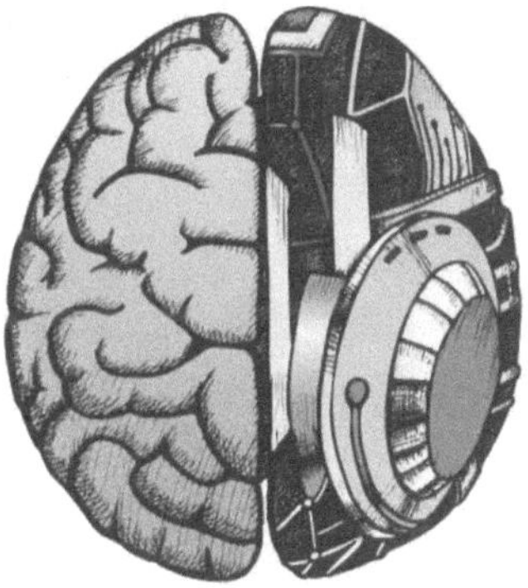

Technologia ta, uhonorowana pierwszą w historii Honorową Nagrodą Sztucznej Inteligencji w Berlinie we wrześniu 2019 r., naśladuje sposób działania ludzkiego mózgu, dzięki czemu jest w stanie uchwycić i przetłumaczyć nawet najmniejsze niuanse w bezprecedensowy sposób.

Mamy nadzieję, że znajdą Państwo wiele satysfakcji z tej książki i uprzejmie prosimy o uwzględnienie wszelkich rozbieżności językowych, które mogłyby wyniknąć z tego procesu.

Miłego czytania!

Wydawnictwo Bezkresy Wiedzy

Działanie przeciwgrzybicze niektórych bakterii z rodzaju *Lactobacillus* sp. przeciwko niektórym mikroorganizmom zepsucia Labneh (jogurt skoncentrowany)

Przez

Abeer El-sayed Abd El-fattah Amer,

&

Mohamed El-sayed Amer

Przedmowa

Psucie się żywności jest poważnym problemem dla przemysłu spożywczego, prowadzącym do marnotrawienia żywności, znacznych strat gospodarczych dla producentów i konsumentów oraz negatywnego wpływu na marki. Wśród przyczyn można wymienić zanieczyszczenia grzybicze na różnych etapach łańcucha pokarmowego (np. po zbiorach, podczas przetwarzania lub przechowywania). Rozwój grzybów prowadzi do uszkodzeń sensorycznych żywności, od pogorszenia wzroku do zauważalnych zmian zapachu, smaku lub tekstury, ale może mieć również negatywny wpływ na zdrowie poprzez produkcję mikotoksyn przez niektóre formy. W celu uniknięcia psucia się produktu przez drobnoustroje, a tym samym wydłużenia okresu jego przydatności do spożycia, stosuje się różne zabiegi, w tym środki grzybobójcze i konserwanty chemiczne. Jednocześnie władze publiczne zachęcają przemysł spożywczy do ograniczenia stosowania tych związków chemicznych i opracowania naturalnych metod konserwacji żywności. Towarzyszy temu silny popyt społeczny na produkty żywnościowe z "czystą etykietą", ponieważ konsumenci poszukują bardziej naturalnych, mniej przetworzonych i bezpieczniejszych produktów. W tym kontekście coraz większym zainteresowaniem, jako alternatywa dla konserwacji chemicznej, cieszą się czynniki mikrobiologiczne odpowiadające hodowli biologicznie czynnych, fermentatom, supernatantowi bez hodowli lub oczyszczonym cząsteczkom, wykazujące działanie przeciwgrzybicze.

W odniesieniu do kwestii bezpieczeństwa, obecność i wzrost grzybów może również prowadzić do zagrożeń dla zdrowia związanych z obecnością mikotoksyn, które mogą być wytwarzane przez gatunki należące do rodzajów Aspergillus, Penicillium, Fusarium i Alternaria. Ten aspekt ma znaczenie, ponieważ szacuje się, że około 25 % surowców wytwarzanych przez rolnictwo na świecie jest zanieczyszczonych grzybami i mikotoksynami. Niektóre mikotoksyny mogą wywoływać toksyczne, rakotwórcze i mutagenne reakcje u ludzi w niskich stężeniach; aflatoksyny, ochratoksyna A, patulina, fumonizyny, zearalenon, toksyny T-2 i HT-2 oraz deoksyniwalenol są uważane za najbardziej znaczące mikotoksyny. Głównym problemem jest obecność mikotoksyn w przetworzonej żywności, ponieważ nie można już wykryć obecności mikotoksycznych spoilerów, ale metabolity te są zazwyczaj odporne na obróbkę technologiczną. Doprowadziło to do powstania przepisów dotyczących limitów zawartości mikotoksyn w różnych krajach. Wśród ważnych mikotoksyn w psuciu się żywności, aflatoksyny i ochratoksyna A są produkowane przez kilku członków Aspergillus, podczas gdy OTA może być również produkowana przez niektóre gatunki Penicillium. Aspergillus flavus, główny producent aflatoksyn, jest popularnym spoilerem różnych towarów (owoców i warzyw, przypraw, zbóż, chleba i orzechów, takich jak orzeszki ziemne, migdały i pistacje). Fumonizyny są produkowane przez gatunki Fusarium i Aspergillus.

Ponadto dalsze potencjalne ryzyko związane jest z produktami pochodzącymi z surowców zawierających te mikotoksyny. Patulina, która nie jest rakotwórcza, ale jest immunotoksyczna i neurotoksyczna u zwierząt, może być produkowana przez kilka gatunków Alternaria, Paelomyces, Aspergillus i Penicillium. Na przykład, patulina może być produkowana przez Penicillium expansum, zwykły spojler jabłkowy, a następnie przenoszona do soków i innych produktów pochodnych (np. żywności dla dzieci, sosu jabłkowego). Jak już wcześniej stwierdzono, w odpowiedzi na duże zapotrzebowanie społeczne na mniej przetworzoną i bezzakonserwatywną żywność, coraz większym zainteresowaniem cieszy się konserwacja biologiczna, która ma na celu poprawę jakości i bezpieczeństwa żywności. W ostatnich latach zidentyfikowano wiele szczepów różnych gatunków drobnoustrojów, które posiadają właściwości przeciwgrzybicze. Zostały one wyizolowane z różnych źródeł, takich jak owoce, warzywa, zboża, mleko, mięso i inne produkty związane z żywnością. Izolacja nowych kultur bioprotekcyjnych została ostatnio rozszerzona na inne środowiska, takie jak próbki gleby głębokowodnej i antarktycznej, w celu odkrycia mikroorganizmów potencjalnie produkujących nowe metabolity przeciwgrzybicze. Etapy badań przesiewowych są wymagane w celu znalezienia skutecznych mikroorganizmów przeciwgrzybiczych, ponieważ poziomy aktywności przeciwgrzybiczej i spektrum hamowanych celów grzybów znacznie się różnią w zależności od rozpatrywanego gatunku, oraz od szczepu w obrębie danego gatunku. Na przykład, aż do 75% zmienności zaobserwowano między pięcioma szczepami Lactobacillus casei badanymi pod kątem ich potencjału do hamowania wzrostu czterech pleśni psujących się. W innym badaniu, tylko kilka izolatów L. plantarum spośród 88 badanych wykazało szerokie spektrum inhibicji grzybów.

W przypadku żywności sfermentowanej, bakterie przeciwgrzybicze mogą być dodawane jako kultury towarzyszące podczas procesu, wraz ze zwykłymi starterami. Odbywało się to w różnych produktach spożywczych, w tym w produktach mlecznych i piekarniczych, do których do zakwasu dodawano szczepy pokrewne. W większości przypadków inokulowane są cele grzybobójcze i oceniana jest zdolność badanych czynników bioprotekcyjnych do powstrzymania wzrostu grzybów. Można również zbadać ich wpływ na produkcję mikotoksyn, jak to ma miejsce np. w przypadku deoksyniwalenolu produkowanego przez Fusarium culmorum podczas słodowania oraz aflatoksyny produkowanej in vitro przez Aspergillus flavus i Aspergillus parasiticus. Bakterie kwasu mlekowego (LAB) są zdecydowanie głównymi mikroorganizmami badanymi pod kątem zastosowania w produkcji mleczarskiej i piekarskiej, dwóch głównych sektorach spożywczych badanych pod kątem biokonserwacji przeciwgrzybiczej. Mikroroganizmy te były również badane w browarnictwie (proces słodowania) oraz przy produkcji sfermentowanych warzyw lub w celu ochrony ziarna, nasion lub owoców. W przypadku bioprotekcji owoców, głównymi testowanymi kandydatami są bakterie, zwłaszcza z grupy Bacillus, oraz różne gatunki drożdży. W przypadku sfermentowanego mięsa drożdże (D. hansenii) i gatunek Penicillium zostały przebadane na obecność grzybów z rodziny spoilerów.

Abeer Amer

Podziękowania

Ta książka jest spełnieniem jednego z moich ulubionych marzeń. Udostępniając tę publikację, pragnę, aby służyła ona naukowcom z branży spożywczej, technologom i przemysłowcom na całym świecie, w kierunku zakapsułkowanych komórek bakterii probiotycznych i zakapsułkowanych kolorów naturalnego pochodzenia, co jest trendem preferowanym przez dzisiejszych konsumentów. Jednak ten mój wysiłek nigdy nie ujrzałby światła dziennego, gdyby nie życzliwe i hojne wsparcie i zachęta, jaką otrzymałem od profesora Mohameda N. I. Magdoub, dyrektor Kairu MIRCEN, Wydział Rolnictwa, Uniwersytet Ain Shams.

Ponadto pragnę wyrazić moje podziękowania dla profesora Abd El-Aziz FargProfesora Wydziału Chemii Mleczarskiej oraz profesora Eissy Abd El-ghaffar Emara Profesora Wydziału Technologii Mleczarskiej Instytutu Badawczego Produkcji Zwierzęcej za doskonałą współpracę w trakcie całego tego przedsięwzięcia. Moneir Mahmoud El-abd, Wydział Rolnictwa Uniwersytetu w Kairze, za jego cenne rady w zakresie używania języka oraz za doskonałą współpracę w trakcie całego tego przedsięwzięcia. Na koniec, co nie mniej ważne, dziękuję wydawnictwu akademickiemu LAP LAMBERT, GmbH & Co. Ponadto chciałbym wyrazić moje zadłużenie wobec Northern Regional Research Laboratory (NRRL), USA, za ich doskonałą współpracę w całym okresie, w którym uprzejmie przekazali mi te mikroorganizmy.

Abeer Amer

O Autorze

Abeer Amer (wcześniej Abeer E. Amer) urodził się w Egipcie. Uzyskała tytuł magistra w DairyScience and Technology, a jej doktorat był z zakresu Food Science. Od ponad 23 lat prowadzi badania w zakresie Nauki i Technologii Żywności i Mleczarstwa w Instytucie Badawczym Produkcji Zwierzęcej w Zakładzie Mikrobiologii Mleczarskiej. Oprowadzała doktorantów. Wiele z jej wyników badań zostało z powodzeniem przekształconych w realne technologie, które zostały skutecznie wykorzystane przez przemysł.

SPIS TREŚCI

LISTA SKRÓTÓW

AOAC	Stowarzyszenie Urzędowych Chemików Analitycznych
ATCC	American Type Culture Collection
℃	Centigrada
Cfu	jednostka tworząca kolonię
jtk/g	jednostka tworząca kolonię na gram
jtk/ml	jednostka tworząca kolonię na mililitr
EMCC	Egipska Kolekcja Kultury Mikrobiologicznej
et al	i inni (et alii)
g/l	Gram na litr
H	Godzina
Min	Minuta
Ml	Milliliter
NRRL	Północne Regionalne Laboratorium Badawcze
r.p.m.	Rewolucja na minutę
SAS	System analizy statystycznej
TA	Kwasowość miareczkowa
TBC	Całkowita liczba bakterii
%	Procent
g/ml	gram na mililitr
g/g	gram na gram

Działanie przeciwgrzybicze niektórych bakterii z rodzaju Lactobacillus sp. przeciwko niektórym mikroorganizmom zepsucia labneh

Abeer E. A. Amer1 i Mohamed E. Amer2

1A Centrum Badań Rolniczych, Instytut Badawczy Produkcji Zwierzęcej, Zakład Mikrobiologii Mleczarskiej, Dokki, Kair, Egipt.

2Centrum Badań Rolniczych, Centralne Laboratorium Analizy Pozostałości Pestycydów i Metali Ciężkich w Żywności, Dokki, Kair, Egipt.

Odpowiadający autor: Abeer E.A. Amer, E-mail: abeeramer30@gmail.com.

Streszczenie

Cztery przeciwgrzybicze szczepy Lactobacilli miały wyższą aktywność przeciwgrzybiczą. Ich działanie przeciwgrzybicze badano w stężonym jogurcie (Labenh), przeciwko gatunkom grzybów (*Debaryomyces hansenii* NRRL 1448, *Kluyveromyces marxianus* EMCC 101900, *Saccharomyces cerevisiae* NRRL 2291, *Penicillium roqueforti* i *Aspergilus flavus* NRRL 3251) powszechnie biorącym udział w psuciu się produktów mlecznych. Szczepy przeciwgrzybicze należały do gatunków *Lactobacillus casei, Lactobacillus rhamnosus* TISTR 541, *Lactobacillus acidophilus* AL-5 *i Lactobacillus helveticus* EMCC 4193 i wykazywały różne zdolności zakwaszające i wzrostowe w próbkach labneh w okresie przechowywania w temperaturze 5oC+1. Wszystkie badane szczepy Lactobacillus wykazały aktywność przeciwgrzybiczą w próbkach labneh. *L. rhamnosus* i *L. casei* wykazały bardzo silne działanie przeciwgrzybicze w labneh poprzez całkowite zahamowanie wszystkich badanych grzybów w porównaniu z kontrolą (z dodatkiem jogurtu). Zarówno *L. casei* jak i *L. rhamnosus* całkowicie zahamowały wzrost grzybów *Aspergillus flavus* NRRL 3251 (szczep aflatoksyczny). Wyższą aktywność przeciwgrzybiczą wykazały aktywnie rosnące komórki czterech szczepów bakterii z rodzaju Lactobacilli w porównaniu z supernatantami z bulionu MRS czterech szczepów bakterii z rodzaju Lactobacilli, zawierającymi metabolity o aktywności przeciwgrzybiczej przy użyciu metody tarczowej. Te kultury bakterii Lactobacillus wykazały działanie hamujące wobec drożdży w Labendzie w temperaturze lodówki (5°C+1) bez wpływu na właściwości jakościowe żywności.

Początkowa liczba komórek 5 × [107] komórek/g *Lactobacillus* sp. Stwierdzono, że 1 ×107 komórek/g Lactobacillus sp. jest optymalnym stężeniem dla uzyskania całkowitego zahamowania psucia się drożdży (*Debaryomyces hansenii, Kluyveromyces marxianus* i *Saccharomyces cerevisiae*).

Słowa kluczowe: *Lactobacillus* sp. - działanie przeciwgrzybicze - drożdże - szczepy przeciwgrzybicze Lactobacillus sp. - labneh.

Wprowadzenie

Khurana i Kanawjia, (2007) poinformowały, że produkty mleczne, takie jak jogurty i sfermentowane mleko, mają duże znaczenie gospodarcze. Obecnie proponuje się konsumentom duży panel nowych produktów, takich jak napoje owocowo-jogurtowe lub produkty z wartością dodaną o niskiej kaloryczności, odmiany o obniżonej zawartości tłuszczu lub uzupełnione składnikami aktywnymi fizjologicznie, takimi jak błonnik, fitosterole, kwasy tłuszczowe omega-3, składniki na bazie serwatki, witaminy antyoksydacyjne i izoflawony. **Mayoral *et al.* (2005)** stwierdzili, że mimo iż sfermentowane mleko i jogurty są ogólnie uznawane za stabilne mikrobiologicznie, mogą być narażone na zanieczyszczenia grzybami tolerującymi kwasy, które mogą występować na wszystkich etapach przetwarzania żywności, od surowców po produkty gotowe. *Candida parapsilosis, Candida diffluens, Debaryomyces hansenii, Kluyveromyces marxianus, Rhodotorula mucilaginosa, Yarrowia lipolytica, Zygosaccharomyces bailii* czy *Penicillium brevicompactum należą do najczęściej* spotykanych zanieczyszczeń grzybiczych w jogurtach i mlekach fermentowanych, zwłaszcza tych zawierających owoce lub cukier. Zepsucie się grzybów jest wtedy głównym czynnikiem ograniczającym stabilność i wartość handlową tych produktów. Powoduje on znaczne straty ekonomiczne. Ponadto ewolucja popytu konsumentów skłoniła przemysł do ograniczenia stosowania chemicznych środków konserwujących w fermentowanych przetworach mlecznych. Następnie konieczne jest znalezienie alternatywnych strategii zapobiegania psuciu się grzybów i/lub wydłużenie okresu ich przydatności do spożycia. W tym kontekście znaczny rozwój w dziedzinie biokonserwacji, która zakłada stosowanie hodowli drobnoustrojów wybranych ze względu na ich zdolność do kontrolowania wzrostu drobnoustrojów psujących się, nastąpił **(Mills *i in.*, 2011).** Wiadomo, że LAB ma działanie przeciwdrobnoustrojowe związane z ich silną konkurencją o składniki odżywcze, spadkiem pH spowodowanym ich metabolizmem fermentacyjnym oraz produkcją metabolitów hamujących. Kilka gatunków lactobacillus (*Lb. casei, Lb. coryniformis, Lb. paracasei, Lb. rhamnosus, Lb. plantarum.*), *pediokoków* (*P. pentosaceus, P. acidilactici*) *i laktokoków* (*Lc. lactis*) opisano jako przeciwgrzybicze **(Schnürer i Magnusson, 2005).** Jednak niewiele badań **(Schwenninger i Meile, 2004; Suomalainen i Mäyrä-Makinen, 2005; Tawfik *i in.*, 2004)** wykazało zdolność tych bakterii do zapobiegania psuciu się grzybów w jogurtach lub sfermentowanych mlekach, pomimo znaczącego zainteresowania komercyjnego wykorzystaniem ich jako naturalnych środków konserwujących żywność. Bakterie kwasu mlekowego (LAB) mają długą historię stosowania w produkcji wielu różnych rodzajów żywności fermentowanej, gdzie przyczyniają się do ich zachowania i właściwości organoleptycznych. W ciągu ostatniej dekady wzrosło zainteresowanie rozwojem kultur bioprotekcyjnych LAB jako alternatywy dla chemicznych dodatków do żywności. To rosnące zainteresowanie jest spowodowane głównie popytem konsumentów na produkty żywnościowe bez chemicznych środków konserwujących i/lub na środki konserwujące pochodzenia naturalnego. Z tego powodu wiele przedsiębiorstw przemysłowych skłania się ku stosowaniu ochronnych kultur bakterii, głównie LAB, zdolnych do wytwarzania antagonistycznych metabolitów, takich jak bakteriocyny, peptydy i/lub niskobiałowe związki niebiałkowe (kwasy organiczne, kwasy tłuszczowe, H2O, itp.). Wiele dowodów naukowych lub dowodów na istnienie koncepcji w literaturze 2 podkreśla ogromny potencjał takiego podejścia do walki z mikroorganizmami chorobotwórczymi lub psującymi się w różnych produktach spożywczych, takich jak mięso **(Budde *i in.*, 2003; Vermeiren *i in,* 2004; Castellano *i in.*, 2008),** ryby **(Brillet *i in.*, 2005; Tomé *i in.*, 2008; Chahad *i in.*, 2012),** produkty piekarnicze **(Dal Bello *i in.*, 2007; Gerez *i in.*, 2009; Ryan *i in.*, 2011)** oraz warzywa **(Trias *i in.*, 2008; Randazzo *i in.*, 2009).** Jednakże, w przeciwieństwie do probiotyków **(Gregoret *i in.*, 2013),** stwierdzono, że tylko ograniczona liczba komercyjnych kultur ochronnych jest obecnie wprowadzana do obrotu, a stwierdzenie to jest szczególnie prawdziwe w przypadku bioochronnych kultur antygrzybiczych w produktach mlecznych. **Nelson (1993)** stwierdził, że produkty mleczarskie są jednak szczególnie podatne na zanieczyszczenia grzybicze prowadzące do psucia się żywności (brak smaku, pogorszenie wyglądu zewnętrznego) i znacznych strat ekonomicznych.

Wessels *i in.* (2004) stwierdzili, że ograniczoną liczbę wprowadzanych do obrotu kultur bakterii biologicznie czynnych w fermentowanych przetworach mlecznych można po pierwsze wytłumaczyć licznymi ograniczeniami związanymi z ich wprowadzeniem na rynek. Oprócz tego, że wybrany szczep jest bezpieczny do spożycia przez ludzi, musi spełniać kilka kryteriów i często trudno jest zebrać je wszystkie. Wśród nich, szczep antybakteryjny musi być aktywny w pożądanej żywności, nie powodując żadnych szkodliwych skutków dla wzrostu i funkcjonalności bakterii rozrusznikowych **(Holzapfel i in., 1995).**

Celem tego badania było: 1- Ocenić aktywność przeciwgrzybiczą wybranych bakterii kwasu mlekowego (4 szczepy Lactobacillus) wobec kilku gatunków drożdży i pleśni w podłożach agarowych laboratoryjnych.

2- Wykazanie skuteczności wybranych LAB przeciwgrzybiczych w zapobieganiu wzrostu drożdży i pleśni na skoncentrowanym jogurcie (Labneh) oraz zbadanie stabilności jego aktywności przeciwgrzybiczej w okresie przechowywania.

2. Materiały i metody

Materiały:

Świeże mleko bawole, użyte do produkcji Labneh, zostało pozyskane w Instytucie Badawczym Produkcji Zwierzęcej w Egipcie. Mleko bawole zawierało 15,5 % całkowitej suchej masy i 5,1 % tłuszczu. Sól kamienna klasy handlowej została zakupiona na rynku lokalnym, wyprodukowana przez El-Nasr Salines Company, Aleksandria, Egipt. Sól ta została użyta (1%) do produkcji serów.

Chemikalia: Zastosowane w tym badaniu substancje chemiczne były klasy analitycznej.

Mikroorganizm: Tradycyjne kultury jogurtowe (*Lactobacillus delbrueckii* sub sp. *bulgaricus* i *Streptococcus salivarius* sub sp. *thermophilus* (1:1), *Lactobacillus casei* 01, *L. acidophilus* AL-5 i *Penicillium roqueforti* zostały uzyskane z Chr. Hansen Laboratories w Kopenhadze, Dania. *Aspergillus flavus* NRRL 3251, *Debarryomyces hansenii NRRL* 1448 i *Saccharomyces cerevisiae* NRRL 2291 zostały dostarczone przez Northern Regional Research Laboratory (NRRL), USA. *Lactobacillus rhamnosus* TISTR 541 został dostarczony w formie liofilizowanej przez Tajlandia Instytut Badań Naukowych i Technologicznych w Bangkoku, Tajlandia. *L. helveticus* EMCC 4193 i *Kluyveromyces marxianus* EMCC 101900 zostały pozyskane z Egipskiej Kolekcji Kultury Mikrobiologicznej [EMCC] w

Kairo Microbiological Resources Center (Cairo MIRCEN), Wydział Rolnictwa, Ain Shams University, zostały wybrane do tego badania.

Medium wzrostu i ochrony:

DeMan, Rogosa, Sharpe (MRS), bulion i pożywki agarowe zostały użyte do uprawy i wyliczenia szczepów laktobacillusów. Szczepy Lactobacilli rozmnażano przez 24 godziny w 37oC w bulionie Difco MRS, a *L. casei* 01 inkubowano w 32oC przez 48 godzin. Hodowle podstawowe laktobacillusów zostały wykonane poprzez zmieszanie czystej kultury, która była uprawiana w nocy z równą objętością 20% roztworu glicerolu i przechowywanie w temperaturze -20oC do czasu eksperymentalnego użycia (**Van Den Berg *i in.*, 1995**). Natomiast *Penicillium roqueforti* i *A. flavus* NRRL 3251 były uprawiane, aktywowane i wyliczane na agarze Oxytetracycline Glucose Yeast extract (agar OGYE) w temperaturze 25oC przez 5-7 dni. Inokulę zawierającą zarodniki lub konidia przygotowano poprzez wyhodowanie pleśni na ekstrakcie z miękkiego agaru Oxytetracykliny Glukozowej przez 5-7 dni (lub do momentu sporulacji), a następnie zebranie zarodników lub konidiów po energicznym wstrząsnięciu skosu sterylną wodą z chlorkiem sodu (8,5 gm NaCl na litr). Te szczepy grzybów były używane do sztucznego skażenia labneh. Wszystkie badane drożdże (*Debaryomyces hansenii* NRRL 1448, *Kluyveromyces marxianus* EMCC 101900 i *Saccharomyces cerevisiae* NRRL 2291) były uprawiane, aktywowane i wyliczane na agarze z ekstraktu drożdży i słodu (agar YM) w temperaturze 25oC przez 48 godzin. Te szczepy drożdży przechowywano w podłożu z ekstraktu drożdżowego (0,3%) i słodowego (2%) uzupełnionego glicerolem (30%, v/v) w temperaturze -80°C, a następnie uprawiano tlenowo w temperaturze 25°C przez 2 dni na agarze YEMA. Zawiesiny drożdży przygotowywano w sterylnej wodzie peptonowej 0,1% poprzez zeskrobywanie kolonii z powierzchni agaru YEMA po 2 dniach inkubacji w temperaturze 25°C. Ten szczep drożdży był używany do sztucznego skażenia labneh. Liczbę bakterii kwasu mlekowego w próbkach Labneh oznaczono przy użyciu agaru Lactobacilli MRS (Difco, Detroit, Mich., U.S.A.).

Metody:

Test aktywności antydrożdżdżowej indukowany przez komórki wbudowane w agar:

Przygotowano płytki agarowe YM Agar, uzupełnione antydrożdżkami *Lactobacillus* sp. Hodowle były wcześniej uprawiane oddzielnie przez 24 h w temperaturze 30°C w podłożu bulionowym YM, a następnie seryjnie rozcieńczane w rozcieńczalniku (0,85% Na Cl zawierającym 0,1% peptonu). Porcje 20 ml agaru (50°C) przygotowano tak, aby uzyskać końcowy poziom ^{105} komórek/ml agaru. Płytki agarowe wylewano i po zestaleniu w pełni wyrośniętych kultur drożdży oraz odpowiadających im rozcieńczeń inokulowano punktowo na płytki, uzyskując od ^{103} do 100 komórek/punkt. Płytki agarowe przechowywano w tripleksie w temperaturze 25 °C przez 48 -72 h, a wzrost drożdży wskaźnikowych był kontrolowany codziennie przez 25 °C. Jako kontrolkę przygotowano płytki agarowe bez osadzonych laktobacillusów oraz płytki agarowe z dodatkiem 1 g/l sorbatu potasu.

Test aktywności przeciwgrzybiczej:

W celu wykrycia aktywności przeciwgrzybiczej zastosowano dwie różne metody (metodę nakładkową i metodę analizy tarczowej).

Metoda nakładania:

Metodę nakładania wykonano przy użyciu płytek agarowych MRS dla szczepów Lactobacilli, które LAB zaszczepiono jako dwie linie o długości 2 cm i inkubowano w temperaturze 37+1oC przez 48h. Na płytki nałożono 10ml oksytetracykliny Glukoza Drożdże miękki agar zawierający ^{105} zarodników grzybów (conidia) na ml. Płytki były inkubowane w temperaturze 25+1oC przez 5 dni. Płytki zostały przebadane pod kątem występowania wyraźnych stref zahamowań wokół smug bakteryjnych, a obszary stref zostały ocenione w następujący sposób: -, brak zahamowania (widoczny dla grzybni i zarodników wegetatywnych) +, brak wzrostu grzybów na 0,1 do 3% powierzchni płytki na smugę bakteryjną; ++, brak wzrostu grzybów na 3% do 8% powierzchni płytki na smugę bakteryjną; lub +++, brak wzrostu grzybów na > 8% powierzchni płytki na smugę bakteryjną.

Metoda analizy dysków:

Metodę badania tarczowego wykonano przy użyciu agaru MRS dla szczepów Lactobacilli. Cztery krople z aktywnych hodowli każdego z badanych gatunków bakterii zostały zauważone na płytkach agarowych i inkubowane do momentu, gdy można było zaobserwować kolonie z woli (około 48 godzin). Na płytki nałożono następnie 10 ml miękkiego agaru z ekstraktu drożdży glukozowych Oxytetracykline, na który ostatecznie rozprowadzono 0,1 ml zawiesiny zarodników pleśni. Po inkubacji przez 5 dni w temperaturze 25+1oC, płytki były badane pod kątem tworzenia się aureoli wokół kolonii bakteryjnych. Wzrost grzybów, a w szczególności stopień sporulacji, oceniono wizualnie poprzez porównanie barwy kolonii na płytkach kontrolnych. Kolonie sporulowane różnią się znacznie kolorem od kolonii niesporulowanych.

Metoda analizy tarczowej dla supernatantu bakterii kwasu mlekowego:

Metodę badania tarczowego wykonano przy użyciu agaru MRS dla szczepów Lactobacilli. Do badań właściwości przeciwgrzybiczych wybrano najsilniej hamujące szczepy LAB o największym działaniu przeciwgrzybiczym w stosunku do najczęstszych grzybów mleczarskich i toksynotwórczych. Te szczepy to *L. acidophilus, L. rhamnosus, L. casei* i *L. helvtius*. Metodą testu dyskowego badano wpływ trzech zabiegów na aktywność przeciwgrzybiczą supernatantu LAB. Te trzy zabiegi były surowe, poddane obróbce cieplnej (w 90oC przez 10 minut, a następnie schłodzone), zneutralizowane (supernatant poddany działaniu 0,2N NaOH tell zneutralizowane kwasowości). Ten test został przeprowadzony w następujący sposób: Badane szczepy LAB uprawiano na rurkach bulionowych MRS i inkubowano w temperaturze 35oC przez 48h. Jeden ml wzrostu umieszczono w kolbach zawierających 100 ml bulionu MRS i inkubowano w 35oC przez 48 godzin. Supernatant bezkomórkowy uzyskano poprzez odwirowanie przy 5000 obr/min przez 5 min w 4oC. Supernatant bezkomórkowy podzielono na 3 porcje w celu zbadania działania przeciwgrzybiczego: (1) surowy supernatant bezkomórkowy bez żadnej obróbki, (2) supernatant bezkomórkowy poddany obróbce cieplnej. (3) Obróbka neutralizowana została przygotowana przy użyciu sterylizowanego 0,2N NaOH do miareczkowania kwasowości supernatantu bezkomórkowego (miareczkowanie do pH7). Po wykonaniu 0,1 ml zawiesiny zarodników grzybów pleśniowych umieszczono na płytce Petriego każdy drożdże i grzyby, a następnie założono na nią dwie płytki agaru (OGYE) i pozostawiono do osadzenia po tym na płytce agaru, a następnie położono dwie krople z hodowli bezkomórkowej z leczeniem każdego badanego gatunku bakterii. Na płytkach agaru umieszczono plamy na płytkach i inkubowano w temperaturze 25oC przez 5 dni, a obserwowane wyniki po inkubacji badano pod kątem tworzenia się wokół zabiegów.

Przygotowanie Labneh:

Labneh został wyprodukowany według **Robinsona i Tammime'a (1994).** Świeże mleko bawole było podgrzewane w 72oC przez 15 sekund, schładzane do 45oC i dzielone na równe części płci. Pierwszą porcję podano jako kontrolną - 3% startera jogurtowego (*S. thermophilus* i *L. bulgaricus*), drugą - 1,5% startera jogurtowego 2% *L. rhamnosus* TISTR 541 (T1), trzecią - 1,5% startera jogurtowego i 2% *L. acidophilus* A L-5 (T2). Czwartą porcję zaszczepiono 1,5% startera jogurtowego i 2% *L. helveticus* EMCC 4193 (T3), piątą porcję zaszczepiono 1,5% startera jogurtowego i 2% *Lactobacillus casei* 01 (T4). Szósta porcja została zaszczepiona przy użyciu kombinacji wszystkich kultur starterowych (1% zakwasu jogurtowego, 1% *L. acidophilus* AL-5, 1 % *L. rhamnosus* TISTR 541, 1% *L. helvtius* EMCC 4193 i 1% *L. casei* 01 (1:1:1:1) (T5). Próbki były przechowywane w temperaturze 40oC do osiągnięcia PH 4,5 (6 h). Wszystkie kultury zostały zaszczepione w przybliżeniu 1 × ^{107} ^{jtk} /g do 3 kg mleka. Każda porcja była dalej podzielona na równe porcje płci, jedna służyła jako kontrolna (z samą hodowlą startową), a pozostałe pięć porcji było sztucznie zanieczyszczonych około ^{105} jtk/g każdego z *Debarryomyces hansenii, Kluyveromyces marxianus* i *Saccharomyces cerevisiae* (tabela 1), dwie ostatnie porcje były zanieczyszczone 1,5% roztworem zarodników każdego z *Penicillium roqueforti* i *Aspergilus flavus* (tabela 1). Wszystkie porcje mleka były inkubowane w temperaturze 40oC, aż do całkowitej koagulacji. Następnie mieszanki umieszczano w workach z tkaniny serowej, które zawieszano w lodówce w temperaturze 5 ± 1oC przez 18 godzin, aby umożliwić odsączenie serwatki. Próbki labneh były następnie przechowywane w temperaturze 5+2°C przez 16 dni. Żywe laktobakterie w próbkach Labneh były oznaczane co 3 dni przy użyciu agaru MRS w okresie przechowywania. Próbki labneh zostały poddane analizie chemicznej, mikrobiologicznej oraz właściwości organoleptycznych w okresie przechowywania.

Tabela (1): Zanieczyszczenie Labneh podczas jego produkcji przez 5 szczepów drożdży i 2 szczepy pleśni.

Drożdże i szczepy pleśni	**Ilość drożdży i pleśni, jtk/ml**
Kontrola	3x104
K. marxianus	2.5x104
S. cerevisiae	1.2x104
D. hansenii	1.8x104
Penicillium roqueforti	1x104
Aspergilus flavus	1x104

Analiza chemiczna dla Labneh:

Zawartość substancji stałych ogółem i popiołu oraz miareczkowaną kwasowość i zawartość tłuszczu Labneh oznaczono według **(AOAC, 1990).** Białko zostało oszacowane zgodnie z metodą **BSI, 1990**. Wartości pH zostały zmierzone za pomocą pehametru cyfrowego JENWAY Model 3310.

Analiza mikrobiologiczna dla Labneh:

Żywotną liczbę bakterii kwasu mlekowego oznaczono metodą płytkową według **Vinderola** ***et al.*** **(2000)**, a uzyskane wyniki wyrażono w jtk/ml. Do oznaczenia ilościowego czterech szczepów *Lactobacillus* sp. *użyto pożywek* selektywnych, oznaczając odpowiednie rozcieńczenia na agarze MRS. Całkowita populacja żywych mikroorganizmów była liczona na regularnym podłożu MRS (pH 5,5). Wszystkie płytki inkubowano beztlenowo w temperaturze 37°C przez 48 h. Drożdże i pleśnie oznaczono według **Blanchette** ***et al.*****, (1996).**

Ocena sensoryczna:

Próbki Labneh zostały ocenione organoleptycznie za smak (50 punktów), ciało i konsystencję (40 punktów) oraz wygląd (10 punktów) zgodnie z wynikami sugerowanymi przez **Keatinga i Randwhite'a (1990).**

Analiza statystyczna:

Wszystkie dane zostały przeanalizowane zgodnie z systemem analizy statystycznej **SAS** Guide User's Guide **(2001)** (SAS Institute, Inc, U. S. A.). Rozdzielenie wśród środków zostało przeprowadzone za pomocą **testu wielokrotnego Duncana, (1955).**

3. Wyniki i dyskusja

Skład chemiczny Labneh:

Tabela (2) przedstawia zmiany, jakie zaszły podczas przechowywania w całkowitej masie ciała stałego (T.S.) i zawartości tłuszczu Labneh w kilku rodzajach hodowli bakterii kwasu mlekowego. Suma substancji stałych nieznacznie wzrosła we wszystkich zabiegach wraz ze wzrostem okresu przechowywania. Zawartość części stałych ogółem nie różniła się istotnie między poszczególnymi zabiegami (P < 0,05). W trakcie przechowywania zarówno całkowita zawartość substancji stałych wzrosła, jak i może być przypisana utracie wilgoci. Dane są podobne do danych **Tamime'a i Robinsona (1985 r.)** oraz **Mehaia i El-Khadragy'ego (1999 r.),** którzy podali, że całkowita zawartość substancji stałych w Labneh wahała się między 22-26 %. Zawartość białka nie była istotnie zróżnicowana pomiędzy zabiegami (P < 0,05) w porównaniu z kontrolą. Ogólnie rzecz biorąc, skład chemiczny Labneh wytworzony bez drożdży i grzybów Labneh lub zanieczyszczony nimi mieścił się w normalnym zakresie składu dla podobnego produktu wytworzonego z mleka Buffalos **(El-Samragy i Zall, 1998; Tamime** ***i in.*** **1989 a, 1991 a; Ozer** ***i in.*****, 1999).** Kwasowość miareczkowa (TA) jest bardzo ważnym czynnikiem, ponieważ wpływa na okres trwałości i akceptowalność Labneh. Procent kwasowości miareczkowej i wartości pH był znamienny, w Labneh w Labneh bez lub zanieczyszczony dodanymi drożdżami i grzybami oraz postępowaniem kontrolnym, co sugeruje, że wpływ kultury startowej i ogólnej liczby żywej zwiększał procent kwasowości miareczkowej i zmniejszał wartości pH w Labneh w okresie przechowywania. Na podstawie wyników przedstawionych w tabeli (1) wyraźnie widać, że wartości kwasowości leczonego Labneha wzrosły wraz ze wzrostem wszystkich zabiegów w okresie przechowywania.

Tabela (2): Wpływ stosowania różnych szczepów Lactobacilli na skład chemiczny, miareczkowanie kwasowości i wartości pH w nie zanieczyszczonym Labneh w okresie przechowywania.

Okres przechowywania (dzień)	Zabiegi1					
	Kontrola	**T1**	**T2**	**T3**	**T4**	**T5**
	T.S%					
Świeży	22.42a	22.37b	22.41b	22.34c	22.36c	22.44a
4	22.57b	22.62a	22.65a	22.63a	22.48c	22.58b
8	22.75a	22.72a	22.75a	22.55c	22.58c	22.61b
12	23.13b	22.96b	23.36a	22.94b	23.16b	22.36c
16	23.26a	22.98b	22.84c	22.96b	22.70c	22.47d
	Białko%					
Świeży	9.29c	9.32b	9.44a	9.35b	9.42a	9.43a
4	9.33c	9.46b	9.53a	9.50a	9.53a	9.51a
8	9.53b	9.56b	9.59a	9.55b	9.63a	9.56b
12	9.84a	9.73b	9.80a	9.80a	9.86a	9.82a
16	9.85a	9.75b	9.81a	9.81a	9.87a	9.83a
	TitratableAcidity%					
Świeży	1.40a	1.13c	1.30b	1.25b	1.10c	1.41a
4	1.42a	1.15c	1.37a	1.29b	1.11c	1.44a
8	1.45a	1.17c	1.40a	1.31b	1.13c	1.48
12	1.58a	1.42b	1.55a	1.40b	1.20c	1.57a
16	1.59a	1.43b	1.56a	1.42b	1.24c	1.58a
	Wartość pH					
Świeży	4.52a	4.54a	4.57a	4.68b	4.63b	4.51a
4	4.50b	4.53a	4.50b	4.55b	4.63a	4.52b
8	4.49b	4.40b	4.52b	4.56a	4.63a	4.51b
12	4.46b	4.51a	4.43b	4.52a	4.55a	4.46b
16	4.43b	4.48a	4.40b	4.50a	4.52a	4.43b

*Mężczyźni z tymi samymi literami nie różnią się znacząco. Kontrola: Labneh zrobiony z kultury jogurtowej (kontrola). T1: Labneh z kultury jogurtowej +L. *rahmnosus* (1:1).

T2: Labneh z kultury jogurtowej+L. *acidophilus* (1:1).

T3: Labneh z kultury jogurtowej + *L. helveticus* (1:1).

T4: Labneh z kultury jogurtowej + *L. casei* (1:1).

T5: Labneh z kombinacji kultury jogurtowej + *L. acidophilus+L. rahmnosus+ L. casei+L. helvticus* (1:1:1).

Liczby bakterii w Labneh

Labneh przygotowany przez dodanie czterech różnych kultur bakterii kwasu mlekowego niezanieczyszczonych Labneh został poddany analizie mikrobiologicznej. Analiza uzyskanych wyników dla całkowitej liczby bakterii żywotnych, bakterii kwasu mlekowego oraz drożdży i pleśni (tabela 3). Wyniki wskazały, że we wszystkich przypadkach odpowiednie liczenia wzrastały stopniowo do 7 dni przechowywania, a następnie spadały. Oczywiste jest, że całkowita realna liczba (TC) różnych próbek znacznie się różni (P < 0,0001). Zdecydowanie najwyższe wartości dla łącznej liczby opłacalnej stwierdzono w okresie składowania do 16 dni.

Dane przedstawione w tabeli (3) ujawniają, że maksymalna liczba bakterii kwasu mlekowego została stwierdzona przy poddaniu ich działaniu Labneh przez 10 dni okresu przechowywania, następnie spadła, ponieważ ich liczba wynosiła 27, 23, 25, 22, 21 i 20 x $^{106\ \text{jtk/g}}$ w świeżej kontroli Labneh, T1, T2, T3, T4, T5 i kontroli, odpowiednio, i wzrosła do 60, 61, 63, 59, 61 i 59 x ^{105} jtk/g przy 7 dniach przechowywania w tej samej kolejności. Wyniki ujawniają, że LAB różnych próbek nie różniły się istotnie w stosunku do zabiegów, w których LAB nie wykazywałby istotnych różnic P < 0.0001). (Tabela 3) pokazuje również, że liczba drożdży i pleśni w żadnym zanieczyszczonym Labneh nie jest uważana za wskaźnik jakości i okresu trwałości Labneh, w tym względzie drożdże i pleśnie zostały wykryte we wszystkich procesach obróbki, ale dopiero po 10 dniach przechowywania w znacznie różniących się między sobą ilościach. Natomiast średnia dla drożdży i grzybów pleśniowych poddanych obróbce kontrolnej w 14 dniach wynosiła 2x101 cfu/g. Było jasne, że nie ma znaczenia między kontrolą, a innymi zabiegami.

Tabela (3): Właściwości mikrobiologiczne nie zanieczyszczonego Labneh w okresie przechowywania.

Okres przechowywania (dzień)	Zabiegi1					
	Kontrola	T1	T2	T3	T4	T5
	T.C (jtk/g kłoda)					
Świeży	6.30a	6.11b	6.18b	6.00c	5.85d	6.00c
4	6.53a	6.46b	5.48	6.41	6.15	6.14
8	6.68a	6.56b	6.59b	6.49c	6.30d	6.40c
12	6.51a	6.40b	6.46b	6.34c	6.10d	6.53a
16	6.52a	6.36b	6.43b	6.32c	6.08d	6.51a
	Lact. (logc fu/g)					
Świeży	8.90a	8.88a	8.91a	7.57b	7.55b	7.47c
4	8.94a	8.91a	8.87b	7.94c	8.90a	7.90c
8	8.90a	8.91a	8.93a	7.97b	8.95a	7.96b
12	8.94a	8.96a	8.94a	7.66c	8.70b	7.67c
16	8.44b	8.24c	8.53a	7.50d	8.61a	7.52d
	M&Y (log cfu/g)					
Świeży	ND	ND	ND	ND	ND	ND
4	ND	ND	ND	ND	ND	ND
8	ND	ND	ND	ND	ND	ND
12	1.10d	1.20c	1.30b	1.43b	1.^{5a}	1.30b
16	1.20d	1.30c	1.40b	1.48b	1.6a	1.34c

* Znaczy, z tymi samymi literami nie różnią się znacznie. T.C.: całkowita realna liczba. M&Y: Moulds and Yeasts. Lact. *Lactobacillus* sp. count. Zabiegi1: Szczegółowe informacje znajdują się w tabeli 2.

Właściwości organoleptyczne:

Zbadano właściwości organoleptyczne różnych Labneh, a wyniki przedstawiono w tabeli (4). Wystąpiły znaczne i istotne różnice (P < 0,0001) w smaku tych poddanych obróbce próbek w porównaniu z kontrolą bez poddanej obróbce. Nieprzetworzona kontrola Labneh, gdy jest świeża i po 7 dniach przechowywania preferowana w porównaniu z przetworzonym Labneh. Niemniej jednak, Labneh zawierający *L. rahmnosus* był najbardziej dopuszczalny po kontroli. We wszystkich przypadkach całkowita ocena sensoryczna stopniowo zmniejszała się podczas przechowywania. Wraz z postępem przechowywania wyniki organoleptyczne we wszystkich zabiegach uległy obniżeniu. Wyniki te są zgodne z **Taha *et al* (1997).** Można stwierdzić, że szczepy Lactobacilli mogą być stosowane w celu wydłużenia okresu trwałości Labneh do 16 dni w 5 ± 1oC przy zachowaniu akceptowalnego smaku i dobrego wyglądu.

Tabela (4): Ocena sensoryczna labnehu pod kątem braku skażenia Labneh w okresie przechowywania.

Okres przechowywania (dzień)	**Zabiegi1**					
	Kontrola	**T1**	**T2**	**T3**	**T4**	**T5**
	Smak (50)					
Świeży	48 [a]	45	48 [a]	47 [a]	46	45
4	46 [a]	44	47 [a]	46 [a]	45	44
8	45 [a]	43	45 [a]	44 [a]	42	41
12	43 [a]	40	43 [a]	42 [a]	38	39
16	42 [a]	40 [b]	42a	41ab	37c	35c
	Body&Texture (40)					
Świeży	38 [a]	35 [d]	37 [b]	38 [a]	36 [c]	35 [c]
4	38 [a]	33 [d]	36 [c]	37 [b]	35 [c]	34 [c]
8	35 [a]	32 [c]	35 [a]	35 [a]	33 [b]	33 [b]
12	34 [a]	30 [c]	32 [d]	34 [a]	30 [c]	29 [d]
16	33a	28 [c]	32 [b]	31 [ab]	28 [bc]	27 [bc]
	Wygląd (10)					
Świeży	10 [a]	9 [b]	10 [a]	10 [a]	8 [c]	8 [c]
4	9 [a]	9 [a]	9 [a]	9 [a]	8 [b]	8 [b]
8	8 [a]	7 [b]	8 [a]	7 [b]	7 [b]	7 [b]
12	8 [a]	7 [b]	8 [a]	7 [b]	7 [b]	6 [c]
16	7a	6ab	7 [a]	6 [ab]	6 [ab]	6b
	Wynik całkowity					
Świeży	96 [a]	88	94 [b]	95 [a]	89 [c]	88 [c]
4	93 [a]	87 [b]	93 [a]	92 [a]	88 [b]	87 [b]
8	88ab	84	91 [a]	86	83	82
12	85 [a]	75	81	83 [b]	7 [c5]	68
16	82a	74c	81b	78ab	71d	72 [d]

* Znaczy, z tymi samymi literami nie różnią się znacznie.

Zabiegi1: Szczegółowe informacje znajdują się w tabeli 2.

Działalność antydrożdżdżowa kultury włączona do agaru YM:

Łącznie cztery szczepy bakterii Lactobacilli zostały przebadane same pod kątem aktywności przeciwdrożdżdżdżdżdżdżdżdżdżdżowej lub w połączeniu z czterema szczepami bakterii Lactobacilli. Szczepy drożdży były osadzone w stężeniach od ^{105} do ^{106} jtk/ml w płytkach agarowych YM na drożdżach (*D. hansenii*, *Kluyveromyces marxianus* i *Kluyveromyces marxianus*). *Saccharomyces cerevisiae*) stwierdzono plamistość $^{104\text{-}103}$ komórek/punkt. Płytki inkubowano w temperaturze 25°C. Chociaż cztery szczepy bakterii z rodzaju Lactobacilli wykazywały jedynie słabe działanie hamujące przy ich stosowaniu, ich połączenie wykazało wysokie wartości antagonistyczne w temperaturze 5°C. Najwyższą aktywność wykryto w przypadku czterech szczepów bakterii z rodzaju Lactobacilli, których kombinacja została przedstawiona w tabeli 5. Słabą aktywność zaobserwowano tylko w przypadku *L. acidophilus* AL-5. We wszystkich podejściach, numery komórek $^{107cfu/ml}$ ^{były} niezbędne dla czterech szczepów *Lactobacillus* były niezbędne do wysokiej aktywności hamującej. Badanie aktywności przeciwdrożdżdżowej mieszanek czterech szczepów bakterii Lactobacilli (*L. casei*, *L. rhamnosus*, *L. acidophilus* i *L. helveticus*) razem wziętych, dało wzrost zahamowania wzrostu drożdży (tabela 5). W porównaniu do prób, w których zastosowano tylko jeden szczep *Lactobacillus* (tabela 5). Całkowite zahamowanie wzrostu drożdży *D. hansenii*, S. *cerviciea* i *Kluyveromyces marxianus* zostało osiągnięte poprzez zastosowanie kombinacji czterech szczepów lactobacillus (*L. casei*, *L. rhamnosus*, L. *acidophilus* i *L. helveticus*) razem, podczas gdy *L. rhamnosus* ograniczył wzrost *D. hansenii* i *Kluyveromyces marxianus*, ale *L. casei* tylko znacząco ograniczył wzrost *D. hansenii*.

Tabela (5): Zahamowanie wzrostu drożdży metodą analizy tarczowej wyrażone w log10 cfu/ml przez 4 różne *Lactobacillus* sp. utrzymywane w temperaturze 5°C.

Szczep drożdżowy	Szczep Lactobacilli				
	L. Ramosus	*L. acidophilus*	*L. helveticus*	*L. casei*	Kombinacja 4 *Lactobacillus* sp.
D.hansenii	(+/–)	+	(+/–)	–	–
K.marxianus	(+/–)	+	+/–	+/–	–
S.*cerviciea*	(+/–)	+/–	+/–	+/–	–

L. ramosus ($^{107\,jtk/ml}$); *L. acidophilus* (^{107} jtk/ml); L. *helveticus* (107 jtk/ml); *L. casei* 01 (^{107} jtk/ml) ++ bardzo silny wzrost; + silny wzrost; +/- słaby wzrost; (+/-) bardzo słaby wzrost; - brak wzrostu; inokulacja plamista (^{103} komórki/punkt).

Zachowanie różnych drożdży mlecznych psuje się w labneh:

W celu oceny wpływu różnych kultur bakterii kwasu mlekowego na wzrost *D. hansenii* w labneh w czasie przechowywania (16 dni w 5oC+1), dane przedstawiono w tabeli (6). Dane wykazały, że bakterie kwasu mlekowego w świeżych próbkach różniły się nieznacznie między sobą. Najwyższe liczebności LAB odnotowano w labneh zawierającym *L. rhamnosus* lub *L. acidophilus* (odpowiednio 7,7 i 7,04 log cfu/g). Ogólnie rzecz biorąc, liczba bakterii kwasu mlekowego nieznacznie spadła w pierwszym tygodniu przechowywania, a następnie stopniowo zmniejszała się do końca przechowywania. Największy spadek liczby bakterii kwasu mlekowego stwierdzono w próbkach kontrolnych, a następnie labneh z *L. helveticus* (odpowiednio 4,4 i 4,7 log cfu/g) pod koniec przechowywania. Z drugiej strony, występowały znaczne różnice w liczeniu drożdży podczas przechowywania. Liczba drożdży w laboratorium kontrolnym nieznacznie spadła w miarę upływu okresu przechowywania. Najwyższe liczebności drożdży odnotowano w labie kontrolnym, a następnie w labie z *L. helveticus. Zaobserwowano*, że aktywność przeciwgrzybicza kultur *Lactobacillus* sp. była utrzymywana z innymi startowymi kulturami jogurtowymi *L. bulgaricus* i *S. thermophilus*. Ocena wpływu różnych kultur bakterii kwasu mlekowego na wzrost *K. marxianus* w labneh w pierwszym tygodniu przechowywania, a następnie stopniowe zmniejszanie do końca przechowywania. Największy spadek liczby bakterii kwasu mlekowego stwierdzono w próbkach kontrolnych, a następnie labneh z *L. helveticus* (odpowiednio 4,4 i 4,7 log cfu/g) pod koniec przechowywania. Z drugiej strony, występowały znaczne różnice w liczeniu drożdży podczas przechowywania. Liczba drożdży w laboratorium kontrolnym nieznacznie spadła w miarę upływu okresu przechowywania. Najwyższe liczebności drożdży odnotowano w labie kontrolnym, a następnie w labie z *L. helveticus. Zaobserwowano*, że aktywność przeciwgrzybicza kultur *Lactobacillus* sp. była utrzymywana z innymi startowymi kulturami jogurtowymi *L. bulgaricus* i *S. thermophilus*. W celu oceny wpływu różnych kultur bakterii kwasu mlekowego na wzrost *K. marxianus* w labneh w czasie przechowywania (16 dni w 5oC+1), dane przedstawiono w tabeli (7). Dane wykazały, że bakterie kwasu mlekowego w świeżych próbkach różniły się nieznacznie między sobą. Najwyższą liczbę LAB zaobserwowano w warstwie labneh świeżej zawierającej *L. rhamnosus* i kontroli (odpowiednio 7,4 i 7,2 log cfu/g). Ogólnie rzecz biorąc, liczba bakterii kwasu mlekowego nieznacznie spadła w pierwszym tygodniu przechowywania, a następnie stopniowo zmniejszała się do końca przechowywania. Największy spadek liczby bakterii kwasu mlekowego stwierdzono w próbkach kontrolnych, a następnie w labneh z *L. casei* (odpowiednio 5,0 i 4,7 log cfu/g) pod koniec przechowywania. Z drugiej strony, występowały znaczne różnice w liczeniu drożdży podczas przechowywania. Liczba drożdży w laboratorium kontrolnym nieznacznie spadła w miarę upływu okresu przechowywania. Najwyższe liczby drożdży odnotowano w labneh z *L. casei,* a następnie w kontroli. Z drugiej strony stosowanie kombinacji czterech szczepów *Lactobacillus* sp. wykazało największe zahamowanie wzrostu grzybów.

Aby ocenić wpływ różnych kultur bakterii kwasu mlekowego na wzrost S. *cerviciae* w warstwie wargowej wzdłuż przechowywania (16 dni w 5oC+1), dane przedstawiono w tabeli (8). Dane wykazały, że bakterie kwasu mlekowego były niewielkie

różne wśród kultur w świeżych próbkach. Najwyższą liczbę LAB zaobserwowano w labneh fresh zawierających *L. rhamnosus* i *L. casei* (odpowiednio 7,4 i 7,3 log cfu/g). Ogólnie rzecz biorąc, liczba bakterii kwasu mlekowego nieznacznie spadła w pierwszym tygodniu przechowywania, a następnie stopniowo zmniejszała się do końca przechowywania. Największy spadek liczby bakterii kwasu mlekowego stwierdzono w próbkach kontrolnych, a następnie w labneh z *L. casei* (odpowiednio 4,4 i 4,2 log cfu/g) pod koniec przechowywania. Z drugiej strony, występowały znaczne różnice w liczeniu drożdży podczas przechowywania. Liczba drożdży w laboratorium kontrolnym nieznacznie spadła w miarę upływu okresu przechowywania. Najwyższą liczbę drożdży odnotowano w kontroli, a następnie labneh z *L. acidophilus*.

Tabela (6): Efekt zastosowania 4 różnych kultur *Lactobacillus* sp. w hamowaniu wzrostu *D. hansenii* wyrażony w log 10 cfu/g podczas okresu przechowywania labneh.

Okres przechowywania (dzień)		Zabiegi1					
		Kontrola	T1	T2	T3	T4	T5
Świeży	Liczby LAB (jtk/g log)	7.4+0.5a	7.5+ 0.2a	6.8+ 0.24 b	6.8+ 0.5b	6.6+ 0.2c	6.8+ 0.5b
	Liczby drożdży (Log cfu /g)	4.4+0.2a	4.3+0.1a	4.3+ 0.2a	4.2+0.1a	4.3+0.1 a	4.2+0.2a
4	Liczby LAB (jtk/g log)	7.2+ 0.1 a	7.3+ 0.2a	7.6+ 0.3 a	6.5+ 0.2b	6.0+ 0.5c	7.6+ 0.3 a
	Liczby drożdży (kłoda cfu z /g)	4.7+0.2a	4.4+0.1c	4.5+0.2b	4.5+0.1b	4.4+0.1 c	4.3+0.2c
8	Liczby LAB (jtk/g	6.3+0.1 b	6.0+ 0.3b	7.2+ 0.2 a	5.3+ 0.2c	5.3+ 0.1c	7.2+ 0.1 a

Okres przechowywania (dzień)		Zabiegi1					
		Kontrola	T1	T2	T3	T4	T5
	log)						
	Liczby drożdży (Log cfu /g)	$4.8+0^{.1a}$	4.5+0.1c	$4.6+0.^{2a}$	4.6+0.1b	4.5+0.1 c	4.4+2c
12	Liczby LAB (jtk/g log)	5.3+0.1 b	$4.8+0.4^{c}$	$7.2+0.2^{a}$	$5.3+0.1^{b}$	5.0+ 0.2c	$7.2+0.1^{a}$
	Liczby drożdży (Log cfu /g)	$4.85+0.^{1a}$	4.65+ 0.1c	$4.77+0.^{1a}$	4.68+0.1 b	4.5+0.1 d	4.6+1c
16	Liczby LAB (jtk/g log)	$5.1+0.4^{b}$	$4.4+0.3^{c}$	$5.7+0.1^{a}$	4.2+0.1c	4.4+ 0.3b	$5.6+0.1^{a}$
	Liczby drożdży (Kłoda cfu/g)	$4.9+0.^{1a}$	4.7+ 0.1b	$4.8+0^{.1a}$	4.7+0.1b	4.6+0.1 d	4.7+1c

Wartości z różnymi małymi literami pod rząd są znacząco różne (P<0,05).

Zabiegi1: Szczegółowe informacje znajdują się w tabeli 2.

Tabela (7): Efekt zastosowania 4 różnych kultur *Lactobacillus* sp. w hamowaniu wzrostu *K. marxianus* wyrażony w log 10cfu/g podczas okresu przechowywania labneh.

Okres przechowywania (dzień)		Zabiegil					
		Kontrola	**T1**	**T2**	**T3**	**T4**	**T5**
Świeży	Liczby LAB (jtk/g log)	7.2+0.1b	7.4+0.2a	7.1+0.2b	7.1+0.2b	7.0+0.1c	7.4+0.1a
	Licznik drożdży (Kłoda cfu/g)	5.0+0.1a	5.0+0.1a	5.0+0.1a	5.0+0.1a	5.0+0.1a	5.0+0.1a
4	Liczby LAB (jtk/g log)	6.9+0.1c	7.2+0.2a	7.1+0.3a	7.1+0.1b	7.0+0.2b	7.2+0.2a
	Licznik drożdży (Kłoda cfu/g)	5.1+0.2a	4.8+0.1c	4.7+0.2b	4.6+0.1b	4.4+0.1b	4.4+0.1c
8	Liczby LAB (jtk/g log)	5.9+0.1c	6.5+0.3b	7.0+0.1a	5.2+0.4d	5.3+0.2d	6.4+0.3b
	Licznik drożdży (Kłoda cfu/g)	5.1+0.2a	4.8+0.1c	4.7+0.2b	4.5+0.1b	4.5+0.1b	ND
12	Liczby LAB (jtk/g log)	5.4+0.1c	5.3+0.4b	6.2+0.1a	5.4+0.1c	5.1+0.1d	6.0+0.1a
	Licznik drożdży (Kłoda cfu/g)	3.0+0.2b	3.1+0.1b	3.5+0.2b	3.6+0.1b	3.8+0.1b	ND

Okres przechowywania (dzień)		Zabiegi1					
		Kontrola	T1	T2	T3	T4	T5
16	Liczby LAB (jtk/g log)	5.0+0.1a	5.4+0.2a	5.0+0.2c	5.1+0.2b	4.7+0.2d	5.2+0.2c
	Liczba drożdży (Log10cfu/g)	2.6+0.1c	2.2+0.1d	3.1+0.1a	2.5+0.1c	3.0+0.1b	ND

Wartości z różnymi małymi literami pod rząd są znacząco różne (P<0,05).
Zabiegi1: Szczegółowe informacje znajdują się w tabeli 2.

Tabela (8): Wpływ zastosowania 4 różnych kultur *Lactobacillus* sp. w hamowaniu wzrostu *S. cerviciae* wyrażony w log 10cfu/g podczas okresu przechowywania labneh.

Okres przechowywania (dzień)		Zabiegi1					
		Kontrola	T1	T2	T3	T4	T5
Świeży	Liczby LAB (jtk/g log)	7.1+0.2b	7.4+0.2a	7.1+0.1c	7.2+0.1b	7.3+0.2b	7.1+0.1c
	Licznik drożdży (Kłoda cfu/g)	5.0+0.1a	5.0+0.1a	5.0+0.1a	5.0+0.1a	5.0+0.1a	5.0+0.1a
4	Liczby LAB (jtk/g log)	6.8+0.1d	7.3+0.1a	7.2+0.1a	6.9+0.1c	6.9+0.1c	7.1+0.1b
	Licznik drożdży (Kłoda cfu/g)	5.0+0.1a	4.7+0.1b	4.6+0.1c	4.5+0.1d	4.3+0.1d	4.5+0.1c
8	Liczby LAB (jtk/g log)	6.2+0.1c	6.3+0.2b	7.1+0.1a	5.9+0.2c	6.4+0.1b	6.5+0.1b
	Licznik drożdży (Kłoda cfu/g)	4.7+0.1a	4.5+0.1b	4.5+0.1b	4.3+0.2c	4.2+0.1d	4.1+0.1d

12	Liczby LAB (jtk/g log)	5.4+0.2d	5.9+0.1 b	$6.2+0.^{1a}$	5.7+0.2 b	5.5+0.1 d	5.8+0.1c
	Liczba drożdży (jtk/g)	$4.6+0.^{1a}$	4.4+0.1 b	4.3+0.1c	4.1+0.1 d	4.1+0.1 d	4.1+0.1 d
16	Liczby LAB (jtk/g log)	4.4+0.1c	$4.9+0.^{2a}$	$5.o+0.^{1a}$	4.2+0.1 d	4.5+0.1c	4.6+0.1 b
	Licznik drożdży (Kłoda cfu/g)	$4.5+0^{\cdot 1a}$	4.1+0.1c	4.3+0.1 b	4.1+0.1c	4.0+0.1c	4.1+0.0c

Wartości z różnymi małymi literami pod rząd są znacząco różne (P <0,05).
Zabiegi1: Szczegółowe informacje znajdują się w tabeli 2.

Aktywność przeciwgrzybicza niektórych różnych szczepów bakterii kwasu mlekowego przy użyciu testów dyskowych i metod nakładania: Ogólnie rzecz biorąc, metody nakładania i analizy dyskowej dały te same dane o aktywności przeciwgrzybiczej dla wszystkich badanych szczepów. Ponadto nie zaobserwowano żadnych formacji zarodników grzybów na górnym agarze *L. rhamnosus* TISTR 541 i *L. casei* 01 ani metodą analizy krążkowej. Cztery szczepy *Lactobacillus L. rhamnosus* TISTR 541, *L. helveticus* i *L. casei* 01, L. *acidophilus* A L-5 całkowicie hamują wzrost *Aspergillus flavus.* *L. rhamnosus* i *L. casei były w* stanie zahamować wzrost i produkcję *A. flavus* in vitro. Tabela (9) pokazuje, że zahamowanie wzrostu jednego szczepu *A. flavus* przez *L. rhamnosus, L. acidophilus, L. helveticus, L. casei,* a także zastosowanie kombinacji czterech szczepów *Lactobacillus* sp. razem za pomocą metody krążków agarowych przy użyciu agaru (OGYE). *L. rhamnosus, L. casei* oraz stosując kombinację czterech szczepów *Lactobacillus, L. helveticus* sp. wykazały największe zahamowanie wzrostu grzybów, *L.* rhamnosus był w stanie ograniczyć wzrost *A. flavus* badanego, natomiast *L. helveticus* hamował wzrost 90% szczepów grzybów. (60%) wzrostu *A. flavus* zostało całkowicie zahamowane przez *L. helveticus lub L. casei.* Wyniki wykazały również, że *L. rhamnosus* i *L. helveticus były w* stanie zahamować produkcję sportową na *A. flavus* w metodzie analizy dyskowej.

Ilustracja (1) pokazuje, że zahamowanie wzrostu *A. flavus* w metodzie analizy tarczowej przez *L. helveticus* lub *L. casei* 01. (60%) wzrostu *A. flavus* zostało całkowicie zahamowane przez *L. helveticus lub L. casei*. Ilustracja (2) pokazuje również, że stosowanie wyłącznie *L. rhamnosus lub L. helveticus*, lub *L. casei*, albo stosowanie kombinacji czterech szczepów *Lactobacillus* sp. w metodzie analizy tarczowej wykazało największe zahamowanie wzrostu *Penicillium roqueforti*. Wyniki wykazały również, że *L. rhamnosus był w* stanie zahamować produkcję sportulatu na *P. roqueforti* w metodzie analizy tarczowej.

Badanie aktywności przeciwgrzybiczej niektórych różnych metod leczenia szczepów bakterii kwasu mlekowego:

W celu zbadania głównego działania przeciwgrzybiczego zarówno *L. rhamnosus, L. casei*, jak i surowego supernatantu bezkomórkowego L. *helvtius* badano pod kątem działania przeciwgrzybiczego na większość grzybów mleczarskich i toksynotwórczych (*A. flavus i Penicillium roqueforti*), dane zostały zestawione w tabeli (10). Zauważono, że najwyższą aktywność przeciwgrzybiczą wykazuje *L. rhamnosus*, a następnie supernatant wolny od komórek *L. helveticus*. Natomiast supernatant wolny od komórek *L. acidophilus* miał najmniejsze działanie przeciwgrzybicze. Zastosowanie kombinacji czterech surowych supernatantów bezkomórkowych Lactobacilli wykazało najwyższe zahamowanie wzrostu grzybów *A. flavus i Penicillium roqueforti*.

A B C

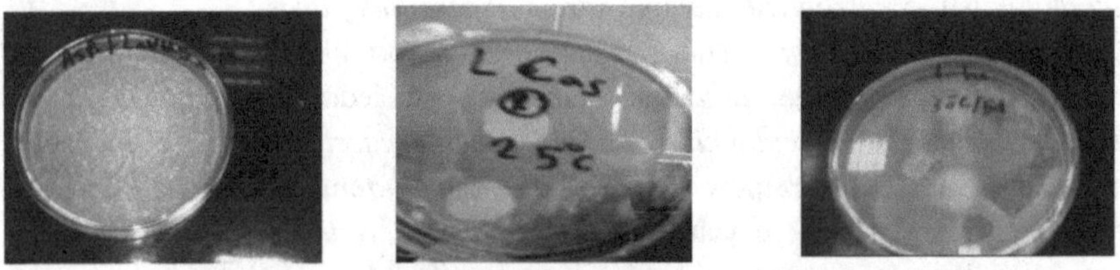

A: (kontrola) *A. flavus* bez bakterii z rodzaju Lactobacilli.
B: *L. casei* i *A. flavus* (++)
C: *L. helveticus* i *A. flavus* (++)

Rysunek (1): Aktywność przeciwgrzybicza niektórych różnych gatunków *L. helveticus* i *L. casei* przeciwko *A. flavus przy* użyciu metody analizy dyskowej.

Tabela (9): Aktywność przeciwgrzybicza niektórych różnych szczepów bakterii kwasu mlekowego w stosunku do większości grzybów mleczarskich i toksynotwórczych przy użyciu metod nakładania i analizy tarczowej.

Szczep grzybów	Szczep Lactobacilli					
	Tequnice	*L. Ramosus*	*L. acidophilus*	*L. casei*	*L. helveticus*	Kombinacja 4 *Lactobacillus* sp.
Aspergillus flavus	Nakładka	+++	++	+	+	+++
	Analiza tarczowa	+++ NSF	++	+	+ NSF	+++
Penicillium roqueforti	Nakładka	+++	+	++	+++	+++
	Analiza tarczowa	+++ NSF	+	++	+++	+++

++, brak wzrostu grzybów na 0,1 do 3% powierzchni płytki na smugę bakteryjną lub powierzchnię kolonii; ++, brak wzrostu grzybów na %8 > powierzchni płytki na smugę bakteryjną lub zahamowanie wzrostu grzybów na całej płytce; +++, **zahamowanie** wzrostu grzybów pleśniowych, **brak** grzybni) i NSF, brak powstawania zarodników obserwowanych w całym agarze górnym.

A **B**

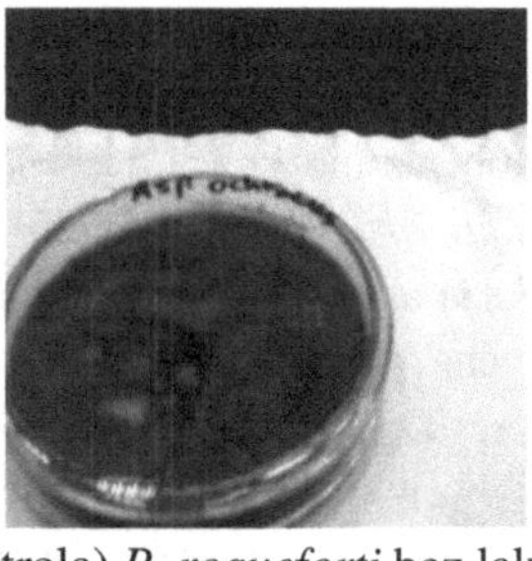

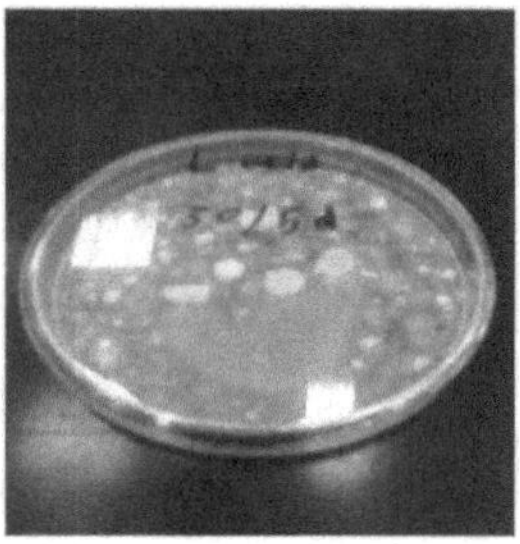

A: (kontrola) *P. roqueforti* bez laktobacillusów. B*:* *L. rhamnosus* i *P. roqueforti* (+++), NSF

Rysunek (2): Aktywność przeciwgrzybicza niektórych różnych *L. rhamnosus* przeciwko *P. roqueforti przy* **użyciu metody analizy tarczowej.**

Tabela (10): Przeciwgrzybicze działanie surowego supernatantu bez komórek Lactobacilli, niektóre na najbardziej psujących się mleczarskich i toksynotwórczych grzybów.

Szczep grzybów	**Szczepy Lactobacilli**				
	L. Ramosus	*L. acidophilus*	*L. casei*	*L. helveticus*	Kombinacja 4 *Lactobacillus* sp.
Aspergillus flavus	++ NSF	++	++	+ NSF	+++ NSF
Penicillium roqueforti	+++	+	+++	+++	+++

+, brak zahamowania na powierzchni kolonii (na widocznym wzroście grzybni z 25 % powierzchni płytki), brak tworzenia zarodników ++, bardzo wyraźna i duża aureola (silne zahamowanie rozwoju pleśni, niektóre grzybnie obecne) +++, zahamowanie na wszystkich silnych zahamowań rozwoju pleśni, brak grzybni) i NSF, brak tworzenia zarodników obserwowany w całym agarze górnym.

W tabeli (11) przedstawiono przeciwgrzybicze działanie zneutralizowanego supernatantu bez komórek Lactobacilli na *A. flavus i Penicillium roqueforti.* Aktywność przeciwgrzybicza zneutralizowanego supernatantu bezkomórkowego *L.rhamnosus* została zniwelowana przeciwko *A. flavus.* Również aktywność przeciwgrzybicza zneutralizowanego supernatantu bezkomórkowego *L. rhamnosus* została zmniejszona przeciwko *Penicillium roqueforti.* Ogólnie rzecz biorąc, supernatant bezkomórkowy *L. casei* miał największą aktywność przeciwgrzybiczą wśród wszystkich supernatantów bezkomórkowych. **Magnusson, *et al.* (2003)** i **Lavermicocca, *et al.* (2003)** poinformowali, że *L. casei* EMCC 1093 i *L.* acidophilus EMCC 1892 wytwarzają kilka metabolitów, które mogą działać razem z inhibi tmould growth inliquid culture. Wiele doniesień sugeruje, że działanie przeciwgrzybicze jest połączeniem kwasów organicznych, takich jak kwas mlekowy i fenylo-mlekowy lub bakteriocyny oraz niskocząsteczkowych środków przeciwdrobnoustrojowych i peptydów **(Strom, *i in.*, 2002).**

Tabela (11): Przeciwgrzybicze działanie zneutralizowanego supernatantu bezkomórkowego Lactobacilli na większość grzybów mleczarskich i toksynotwórczych.

Szczep grzybów	**Szczepy Lactobacilli**				
	L. Ramosus	*L. acidophilus*	*L. casei*	*L. helveticus*	Kombinacja 4 *Lactobacillus* sp.
Aspergillus flavus	++	++	+++	+	+++
Penicillium roqueforti	-	+	++	+++	+++

-, brak zahamowania (widoczny wzrost grzybni i zarodników wegetatywnych) +, brak zahamowania na powierzchni kolonii (na widocznym wzroście grzybni z 25 % powierzchni płytki) brak powstawania zarodników ++, bardzo wyraźna i duża aureola (silne zahamowanie wzrostu grzybni, niektóre grzybnie obecne) +++, zahamowanie na wszystkich silnych zahamowań wzrostu grzybni, brak grzybni obecne).

Dane w tabeli (12) przedstawiły działanie przeciwgrzybicze podgrzanego supernatantu bez komórek Lactobacilli na *A. flavus i Penicillium roqueforti.* Podgrzewanie supernatantu bez komórek Lactobacilli nie miało znaczącego wpływu na ich działanie przeciwgrzybicze. Na podstawie danych można stwierdzić, że główna przyczyna aktywności przeciwgrzybiczej badanych Lactobacillusów nie wystąpiła w wyniku obróbki cieplnej (w 90oC przez 10 min). **Niku-Paavola *i in.*, (1999)** podali, że hodowla bakterii kwasu mlekowego do 16 h zmniejszyła hamujące działanie tych związków. Bakterie kwasu mlekowego wpływają na wzrost pleśni i produkcję mikotoksyn poprzez różne mechanizmy, w tym produkcję kwasów organicznych lub innych stabilnych termicznie związków o niskiej masie cząsteczkowej, wyczerpywanie się składników odżywczych lub konkurencję mikrobiologiczną **(Lund *i in.*, 1995a).**

Tabela (12): Przeciwgrzybicze działanie podgrzanego supernatantu bez komórek Lactobacilli, niektóre na najbardziej psujące się mleczarstwo i toksyczne grzyby.

Szczep grzybów	**Szczepy Lactobacilli**				
	L. Ramosus	*L. acidophilus*	*L. casei*	*L .helveticus*	Kombinacja 4 *Lactobacillus* sp.
Aspergillus flavus	++	++	+++	+, NSF	+++
Penicillium roqueforti	+++	+	+++	+++	+++

+, brak zahamowania wzrostu grzybni na powierzchni kolonii (na widocznym wzroście grzybni z 25 % powierzchni płytki), brak tworzenia zarodników ++, bardzo wyraźna i duża aureola (silne zahamowanie wzrostu grzybni, niektóre grzybnie obecne), +++, zahamowanie wzrostu wszystkich silnych pleśni, brak grzybni) i NSF, brak tworzenia zarodników obserwowany w całym agarze górnym.

Zachowanie się różnych grzybów mleczarskich i toksynotwórczych w labneh:

Aby ocenić wpływ różnych kultur bakterii kwasu mlekowego na wzrost *A. flavus* w labneh w czasie przechowywania (16 dni w 5oC+1), dane przedstawiono w tabeli (13). Dane wykazały, że bakterie kwasu mlekowego w świeżych próbkach różniły się nieznacznie między sobą. Najwyższe liczebności LAB obserwowano w labneh zawierającym *L. rhamnosus* lub *L. acidophilus* (odpowiednio 7,86 i 7,85 log jtk/g). Ogólnie rzecz biorąc, liczba bakterii kwasu mlekowego nieznacznie spadła w pierwszym tygodniu przechowywania, a następnie stopniowo zmniejszała się do końca przechowywania. Największy spadek liczby bakterii kwasu mlekowego stwierdzono w próbkach kontrolnych, a następnie w labneh z *L. casei* (odpowiednio 4,4 i 4,7 log cfu/g). Z drugiej strony, istniały znaczne różnice w liczeniu form podczas przechowywania. Liczba form w laboratorium kontrolnym nieznacznie zmniejszyła się w miarę upływu okresu przechowywania. Najwyższą liczbę pleśni zanotowano w labie kontrolnym, a następnie w labie z L. *helveticus*.

Tabela (13): Efekt zastosowania 4 różnych kultur Lactobacillus sp. w hamowaniu wzrostu *A. flavus* wyrażony w log 10cfu/g w labneh podczas okresu przechowywania labneh.

Okres przechowywania (dzień)		Zabiegi1					
		Kontrola (jogurt)	T1	T2	T3	T4	T5
Świeży	Liczby LAB (log10 cfu/g)	$7.73+0^{.3a}$	$7.86+ 0^{.2a}$	$7.85 + 0^{.1a}$	$7.7+ 0^{.5a}$	$7.6+ 0^{.2a}$	$7.6+ 0^{.1a}$
	Liczy się forma (log10 cfu /g)	$4.0+0.2^{a}$	$4.1+0.1^{a}$	$4.1+0.^{1a}$	4.1+0.1 a	$4.1+0.1^{a}$	$4.0+0.2^{a}$
4	Liczby LAB (log10 cfu/g)	7.43+ 0.3b	$7.6+ 0^{.3a}$	$7.55 + 0.2^{a}$	$7.6+ 0^{.1a}$	7.3+ 0.7b	$7.33+ 0^{.1a}$
	Liczy się forma (log10 cfu /g)	$4.6+0.^{1a}$	$4.65+0^{.1a}$	$4.0+0^{.1a}$	$4.35+0.^{1}$ a	$4.1+0.^{2a}$	$4.0+0^{.2a}$
8	Liczby LAB (log10 cfu/g)	7.0+0.2c	$7.5+ 0^{.2a}$	$7.22+ 0.2^{b}$	7.1+ 0.4a	6.97+ 0.1d	7.17+ 0.1c
	Liczy się forma (log10 cfu /g)	4. $88+0^{.2a}$	4.16+0.1b	4.55+0.2b	$4.86+0^{.1}$ a	4.0+0.1c	4.25+0.1b
12	Liczby LAB (log10 cfu/g)	$6.5+0^{.1a}$	$6.63+ 0^{.1a}$	$6.6+ 0^{.1a}$	6.4+0.1 b	6.3+ 0.2b	$6.52+ 0^{.2a}$
	Liczy się forma (log10 cfu /g)	$5.10+0.^{1a}$	4.45+0.1b	4.35+0.1b	$5.16+0.^{1}$ a	4.50+0.1c	4.45+0.1b
16	Liczby LAB (log10 cfu/g)	4.4+ 0.1d	$5.2+ 0.2^{c}$	$6.4+ 0.1^{a}$	5.9+0.1 b	4.7+ 0.1c	$5.3+ 0.1^{a}$
	Liczy się forma (log10	$5.49+0.^{1a}$	4.45+0.1d	$4.2+0.^{1a}$	$5.31+0.^{2}$ a	4.72+0.2 b	$5.2+0.2^{b}$

Okres przechowywania (dzień)	Zabiegi1					
	Kontrola (jogurt)	T1	T2	T3	T4	T5
cfu /g)						

Wartości z różnymi małymi literami pod rząd są znacząco różne (P< 0,05).
Zabiegi1: Szczegółowe informacje znajdują się w tabeli 2.

Inhibicyjne działanie kultur bakterii kwasu mlekowego w hamowaniu wzrostu *Penicillium Roqueforti* w labneh:

Wpływ różnych kultur bakterii kwasu mlekowego na wzrost *Penicillium roqueforti* w labneh w czasie przechowywania (16 dni w 5oC+1) przedstawiono w tabeli (14). Liczba bakterii kwasu mlekowego wynosiła od 7,96 do 7,31 log cfu/g w świeżym labneh z *L. rhamnosus* i *L. acidophilus*, odpowiednio. Wystąpiły również niewielkie istotne różnice (P< 0,05) pomiędzy wszystkimi zabiegami i próbką kontrolną w czasie przechowywania. Stopniowe spadki odnotowano we wszystkich próbkach labneh w czasie przechowywania. Na koniec przechowywania, liczba LAB wynosiła od 6,7 do 5,5 log cfu/g dla labneh z *L. rhamnosus* i kontroli, odpowiednio. Największy spadek liczby bakterii kwasu mlekowego stwierdzono w grupie kontrolnej, następnie w labneh z *L. acidophilus, a następnie w* labneh z *L. helveticus.* Ogólnie rzecz biorąc, maksymalne liczby LAB były rejestrowane we wszystkich próbkach labneh podczas przechowywania. Na koniec przechowywania, liczba LAB wynosiła od 6,7 do 5,5 log cfu/g dla labneh z *L. rhamnosus* i kontroli, odpowiednio.

Największy spadek liczby bakterii kwasu mlekowego stwierdzono w grupie kontrolnej, następnie w labneh z *L. acidophilus, a następnie w* labneh z *L. helveticus. Ogólnie rzecz biorąc*, maksymalne ilości LAB były rejestrowane w labneh z *L. rhamnosusem* przez cały okres przechowywania. Z drugiej strony, liczba pleśni nieznacznie zmniejszyła się w miarę upływu okresu przechowywania w kontrolnych próbkach laboratoryjnych. Liczba *Penicillium roqueforti* nieznacznie wzrosła w laboratorium kontrolnym wraz z postępem okresu przechowywania, a wzrost ten był mniejszy niż 1 cykl dzienny. Przeciwnie, żywotność *P. roqueforti* nieznacznie spadła wraz ze wzrostem okresu przechowywania w labneh z L. *rhamnosus, a* następnie labneh z *L. helveticus.*

Tabela (14): Efekt zastosowania 4 różnych kultur *Lactobacillus* sp. w hamowaniu wzrostu *P. roqueforti* wyrażony w log 10 cfu/g w labneh podczas okresu przechowywania labneh.

Okres przechowywania (dzień)		Zabiegi1					
		Kontrola	T1	T2	T3	T4	T5
Świeży	Liczby LAB (log10 cfu/g)	7.73+0$^{.3}$ a	7.96+ 0$^{.2a}$	7.55 + 0$^{.1a}$	7.34+ 0$^{.5a}$	7.31+ 0$^{.2a}$	7.4+ 0$^{.1a}$
	Liczy się forma (log10 cfu /g)	4.36+0. 2 ^{a}	4.1+0.^{1a}	4.26+0.^{1a}	4.75+0$^{.1a}$	4.2+0.^{2a}	4.3+0.^{1a}
4	Liczby LAB (log10 cfu/g)	7.5+ 0.1 b	7.7+ 0$^{.1a}$	7.1+ 0.2 ^{c}	7.2+ 0.1c	7.1+ 0.1d	7.2+ 0.1d
	Liczy się forma (log10 cfu /g)	4.56+0. 2 ^{a}	3.6+0$^{.1a}$	4.0+0.1c	4.45+0.2b	4.1+0.1c	4.0+0.1d
8	Liczby LAB (log10 cfu/g)	6.8+ 0.1 b	7.4+ 0$^{.1a}$	6.8+ 0.1b	6.8+ 0.1b	6.5+ 0.1c	6.8+ 0.1b
	Liczy się forma (log10 cfu /g)	4.66+0. 2 ^{a}	3.9+0.1b	3.9+0.1b	3.9+0.1b	3.8+0.1c	3.8+0.1c
12	Liczby	6.7+	7.5+ 0$^{.1a}$	5.8+ 0.1b	5.8+ 0.1b	5.5+ 0.1d	5.9+ 0.1c

Okres przechowywania (dzień)		Zabiegi1					
		Kontrola	T1	T2	T3	T4	T5
	LAB (log10 cfu/g)	0.1b					
	Liczy się forma (log10 cfu /g)	4.85+0.1 [a]	3.8+0.1b	3.8+0.1b	3.7+0.1c	3.7+0.1c	3.6+0.1d
16	Liczby LAB (log10 cfu/g)	5.5+ 0.1c	6.7+ 0.1a	5.1+ 0.1d	5.8+ 0.1b	4.9+ 0.1d	5.4+ 0.1c
	Liczy się forma (log10 cfu /g)	6.7+ 0.1b	7.5+ 0.1a	5.8+ 0.1b	5.8+ 0.1b	5.5+ 0.1d	5.9+ 0.1c

Wartości z różnymi małymi literami pod rząd są znacząco różne (P< 0,05).
Zabiegi1: Szczegółowe informacje znajdują się w tabeli 2.

Wnioski

Celem pracy był rozwój nowych kultur ochronnych na bazie 4 szczepów bakterii mlekowych, z naciskiem na wytłumienie drożdży i pleśni w próbkach labneh. W poprzednim badaniu rozpoznali oni porównywalnie wysokie właściwości przeciwgrzybicze u członków grupy *Lactobacillus casei, jak również* u niektórych szczepów *Lb. plantarum*, **Miescher Schwenninger *i in.* (2003)**. W przemyśle spożywczym sorbinian potasu jest stosowany jako środek konserwujący z kwalifikowaną aprobatą dla niektórych rodzajów żywności, głównie w celu zapobiegania rozwojowi niepożądanych grzybów. Jego działanie konserwujące zostało porównane z różnymi kulturami ochronnymi opracowanymi w niniejszej pracy. W badaniach tych zaszczepiono kultury hamujące do mleka wraz z hodowlą startową, która nie miała wpływu na proces fermentacji skoncentrowanego jogurtu (labneh). Ponadto, różne oceny sensoryczne z użyciem jogurtu uzupełnione o hodowle ochronne *Lactobacillus casei, Lactobacillus rhamnosus* TISTR 541, *Lactobacillus acidophilus* AL-5 *i Lactobacillus helveticus* EMCC 4193 w połączeniu z hodowlą jogurtu nie wykazały żadnych zauważalnych różnic w teksturze próbek labneh. Jak pokazują te przykłady, biokonserwacja jest użytecznym narzędziem jako "naturalny" i delikatny sposób na zachowanie żywności. Szczepy Lactobacilli mają obiecujący potencjał w tej dziedzinie. Niemniej jednak kultury stosowane w żywności lub paszy powinny być wyraźnie zidentyfikowane i scharakteryzowane w celu potwierdzenia ich statusu jako żywnościowe. Ponadto powinny być dostępne informacje o mechanizmach hamujących, w tym o działaniach synergicznych między szczepami, które pomogą w wykorzystaniu szczepów, którym nie można zarzucić, w celu zwiększenia bezpieczeństwa żywności. Bakteriocyny laktobacillusów są dobrze opisane, co zostało zrecenzowane przez **Holo *et al.* (2002).**

Referencje:

1. **AOAC (1990).** Official Methods of Analysis.158th Ed., Association of Official Analytical Chemists. Washington DC. USA, str. 200-210.
2. AOAC (1991). Stowarzyszenie oficjalnych chemików analitycznych. Oficjalny; metoda analizy. 16. edycja. Vol. N. AOAC official 92: 111 Arlington, VA: Association of Official Analytical Chemists.
3. Blanchette, L., D. Ray, G. Belanger i S.F. Gauthier, (1996). Produkcja sera twarogowego z użyciem sosu fermentowanego przez *Bifidobacterium*. J. Dairy Sci., 79: 8-13.
4. BSI (1990). Oznaczanie zawartości azotu w ciekłym mleku, In: Metody analizy chemicznej płynnego mleka i śmietany, BSI. 1741, British Standard sinstitution, Londyn, Wielka Brytania.
5. Keating, K. i Randwhite, S. (1990). Działanie alternatywnych substancji słodzących w jogurcie zwykłym i owocowym. J. Dairy Sci.: 37-54.
6. El Samragy, Y. A. i Zall, R. R. (1998). Właściwości organoleptyczne labneh sera jogurtowego produkowanego metodą ultrafiltracji. Dairy Ind. Int. 54: (3) 27-28.
7. Brillet, A., Pilet, M. F., Drider, D., i Prevost, H. (2005). Bioprezerwacja: innowacyjna technologia ochrony żywności. Revue Générale du Froid, (MAY), 32-35.
8. Budde, B. B., Hornbaek, T., Jacobsen, T., Barkholt, V., i Koch, A. G. (2003). *Leuconostoc carnosum* 4010 może być wykorzystywany jako hodowla ochronna mięsa pakowanego próżniowo: izolacja hodowli, identyfikacja bakteriocyny i eksperymenty z zastosowaniem mięsa. International Journal of Food Microbiology, *83*, 171-184.
9. Castellano, P., Belfiore, C., Fadda, Vignolo, G. (2008). Przegląd bakteriokinogennych bakterii kwasu mlekowego stosowanych jako hodowle biologicznie czynne w świeżym mięsie produkowanym w Argentynie. Meat Science, 79, 483-499.
10. Chahad, O. B., El Bour, M., Calo-Mata, P., Boudabous, A., i Barros-Velàzquez, J. (2012). Odkrycie nowych bioprezerwantów o hamującym wpływie na wzrost patogenów przenoszonych przez żywność i ich zastosowanie w produktach z owoców morza. Badania w dziedzinie mikrobiologii, 163, 44-54.
11. Dal Bello, F., Clarke, C., Ryan, L., Ulmer, H. Schober, T., Strom, K., Arendt, E. (2007).Poprawa jakości i trwałości chleba pszennego poprzez fermentację szczepem przeciwgrzybiczym *Lactobacillus plantarum* FST Journal of Cereal Science, *45*, 309-318.

12. Gerez, C. L., Torino, M. I., Rollán, G., i Font de Valdez, G. (2009). Zapobieganie psuciu się pleśni chleba poprzez stosowanie bakterii kwasu mlekowego o właściwościach przeciwgrzybiczych. Kontrola żywności, *20*, 144-148.
13. Gregoret, V., Perezlindo, M. J., Vinderola, G., Reinheimer, J., & Binetti, A. (2013). Kompleksowe podejście do określenia potencjału probiotycznego bakterii *Lactobacillus pochodzenia* ludzkiego do zastosowań przemysłowych. Mikrobiologia żywności, *34*: 19-28.
14. Holo, H., Faye, T., Brede, D. A., Nilsen, T., Odegard, I., Langsrud, T., Brendehaug, J., Nes, I. F. (2002). Bakteriocyny bakterii kwasu propionowego. Lait 82, 59 - 68.
15. Khurana, H., i Kanawjia, S. (2007). Najnowsze trendy w rozwoju fermentowanego mleka. Current Nutrition & Food Science, 3, 91-108.
16. Lavermicocca, P., Valerio, F., & Visconti, A. (2003). Aktywność przeciwgrzybicza kwasu fenylo-mlekowego wobec form wyizolowanych z produktów piekarniczych. Applied and Environmental Microbiology, 69 (1), 634-640.
17. Lund, F. Frisval, J. C. (1995a). Powiązana mikroflora sera. Mikrobol spożywczy,... 12: 173- 180.
18. Mayoral, M. B., Martín, R., Sanz, A., Hernández, P. E., González, I., i García, T. (2005). Wykrywanie *Kluyveromyces marxianus* i innych psujących się drożdży w jogurcie przy użyciu techniki PCR-culture. International Journal of Food Microbiology, 105, 27-34.
19. Mehaia, M. A. i El Khadragy, S. M. (1999). Kompozycja, charakterystyka i ocena sensoryczna labneh z mleka koziego. Milchwissenschaft. 54(10): 567-569.
20. Magnusson, J., Strom, K., Roos, S., Sjogren, J., & Schnurer, J. (2003). Szerokie i złożone działanie przeciwgrzybicze wśród izolatów środowiskowych bakterii kwasu mlekowego. Fems Microbiology Letters, 219(1), 129e135.
21. Miescher Schwenninger, S.: Molekularny, (2003). Typowanie przeciwgrzybiczych laktobakterii należących do *grupy Lactobacillus caseigroup (Lactobacillus casei, Lactobacillus paracasei* subsp. *Paracasei* i *Lactobacillus rhamnosus)*. Złożone, (2003).
22. Mills, S., Stanton, C., Hill, C. i Ross, R. (2011). Nowe osiągnięcia i zastosowania bakteriocyn i peptydów w żywności. Annual Review of Food Science and Technology, 2, 299-329.

23. Niku-Paavola, *M*. L., Laitila A., Mattila-Sandholm T., Haikara, A. (1999). Nowy rodzaj związków przeciwdrobnoustrojowych wytwarzał *Lactobacillus plantarum*. J. Appli. Mikrobol. , 86: 29-35.
24. Randazzo, C. L., Torriani, S., Akkermans, A. D. L., De Vos, W. M. i Vaughan, E. E. (2002). Różnorodność, dynamika i aktywność zbiorowisk bakteryjnych podczas produkcji rzemieślniczego sera sycylijskiego oceniana za pomocą analizy 16S rRNA. Applied and Environmental Microbiology, 68, 1882-1892.
25. Ryan, L. A. M., Zannini, E., Bello, F. D., Pawlowska, A., Koehler, P. i Arendt, E. K. (2011). *Lactobacillus amylovorus* DSM 19280 jako nowy środek przeciwgrzybiczy do produktów piekarniczych. International Journal of Food Microbiology, 146(3), 276-283.
26. Robinson, R. K., Tamime, A. Y. (1994). Produkcja jogurtów i innych fermentowanych mleka. W Robinson RK (Ed.). Nowoczesna technologia mleczarska, Postępy w dziedzinie produktów mlecznych. Londyn: Elsevier Applied Science, 2: 1-48.
27. Schwenninger, S. M., & Meile, L. (2004). Mieszana hodowla *Propionibacterium jensenii* i *Lactobacillus paracasei* sub sp. *paracasei* hamuje rozwój drożdży psujących jedzenie. Systematic and Applied Microbiology, 27, 229-237.
28. Schnurer, J., i Magnusson, J. (2005). Przeciwgrzybicze bakterie kwasu mlekowego jako bioprezerwanty. Trendy w nauce i technologii żywności, 16 (1-3), 70-78.
29. Strom, K., Sjogren, J., Broberg, A. i Schnurer, J. (2002). *Lactobacillus plantarum* Mi LAB 393 produkuje antygrzybicze cykliczne dipeptydy cykliczne cykliczne (L-Phe-L-Pro) i Cyclo (L-Phe-trans-4-OH-LPro) oraz kwas 3-fenylo-mlekowy. Applied and Environmental Microbiology, 68 (9), 4322-4327.
30. Schwenninger, S. M., & Meile, L. (2004). Mieszana hodowla *Propionibacterium jensenii* i *Lactobacillus paracasei* sub sp. *paracasei* hamuje rozwój drożdży psujących jedzenie. Systematic and Applied Microbiology, 27, 229-237.
31. Suomalainen, T. H., i Mäyrä-Makinen, A. M. (1999). B akterie kwasu propionowego jako kultury ochronne w fermentowanych mlekach i pieczywie. Le Lait, 79, 165-174.
32. Tamime, A. Y. i Robinson, R. K. (1985). Yoghurt Sciences and Technology.1, T. Ed. Weaton i Co. Ltd., Anglia. str. 209-213.
33. Tamime, A. Y.; Kalab, M. i Davies, G. (1989 a). Reologia i mikrostruktura jogurtu szczepionego (Labneh) wytwarzanego z mleka krowiego trzema różnymi metodami. Mikrostruktura żywności, 8: 125-135.

34. Tawfik, N. F., Sharaf, O. M., Effat, B. A., i Mahanna, N. S. (2004). Konserwacja sera Domiati przy użyciu metabolitów *Propionibacterium thoenii* P-127. Polish Journal of Food and Nutrition Sciences, 13, 269-272.
35. Tomé, E., Pereira, V. L., Lopes, C. I., Gibbs, P. A. i Teixeira, P. C. (2008).Testy in vitro przydatności bakterii produkujących bakteriocyny kwasu mlekowego jako potencjalnych kultur do biokonserwacji w pakowanych próżniowo łososiach wędzonych na zimno. Food Control, 19, 535-543.
36. Trias, R., Badosa, E., Montesinos, E. i Baneras, L. (2008). Bioprotekcyjne szczepy *Leuconostoc* przeciwko *Listeria monocytogenes* w świeżych owocach i warzywach. Journal of Food Microbiology, 127, 91-98.
37. Vermeiren, L., Devlieghere, F., i Debevere, J. (2004). Ocena 521 urodzonych w mięsie bakterii kwasu mlekowego jako kultur ochronnych do biokonserwacji gotowanych produktów mięsnych. International Journal of Food Microbiology, 96, 149-164.
38. Vinderola, C., Costa, G., Regenhardt, S. i Reinheimer, J. (2002). Wpływ związków związanych z fermentowanymi produktami mlecznymi na wzrost zakwasu mlekowego i bakterii probiotycznych. International Dairy Journal, *12*, 579-589.
39. Wessels, S., Axelsson, L., Bech Hansen, E., De Vuyst, L., Laulund, S., Lahteenmaki, L., Lindgren, S., Mollet, B., Salminen, S. i Von Wright, A. (2004). Bakterie kwasu mlekowego, łańcuch pokarmowy i ich regulacja. Trendy w nauce i technologii żywności, 15, 498-505.